「あおり運転」事故は回避できる!

ロードレイジの被害者・加害者にならない秘訣

秋田良子

澪標

「あおり運転」事故は回避できる！●目次

装幀・森本良成

ロードレイジとは

リスクとストレスに溢れたこの国の道路交通事情の中で、「ロードレイジ」なる新語が生まれ、テレビなどでもよく見聞きするようになった。

この言葉は、かのスティーブ・マックイーン主演の映画「激突」の中で、使われているらしい。日本において、最近運転トラブルによる悲惨な交通事故が毎日のように報道されている。その事故を誘発する引き金となった「怒れる運転者」を、ひと言で表わす言葉として、私もこの「ロードレイジ」を使い、加害者にも被害者にもならないための具体的な対策を提案したい。二次的な事故も含めて、「ロードレイジ」によって引き起こされる無用の交通トラブルに遭わないためにどうすればいいのか——私の40数年の運転経験のなかで、常々考えてきたことをここにまとめてみたいと思う。

人はなぜ「怒れる運転者」＝ロードレイジに変貌するのか

まず、真っ先に私が不思議に感じるのは、なぜ人は運転中に怒り、そしてロードレイジなる者に変貌してしまうのか？　良い悪いを議論し、犯罪行為を責める前に、根本的な原因や動機を考えてみよう。実践的な解決策をみんなで共有できるように！

今更私などが、自動車運転のことについて、「運転中は常に冷静沈着に周囲の状況を認識、そしてその確認した状況に応じた適切な方法で、安全運転に努めることが必要である」と唱えたところで、これを読んだ人は「そんなこと、アンタに言われなくてもわかっとるわい」と一笑に付すだろう。そして即座に「いつもそのことに心を配って運転している」と答えることだろう。

それなのに、なぜその正反対の行動や事故に繋がる危険な行為をするロードレイジが発生するのだろうか。常識ある善良なドライバーが、この交通トラブルに巻き込まれていく現状は無視できない。

「一寸の虫にも五分の魂」とは昔から言い慣わされた言葉だが、はたして非情なる「怒れる運転者」には「五分の魂」も持ち合わせていないのだろうか？

そして、このように世を憂いている私たちも、現在もしくは近い将来において絶対に「ロードレイジ」にはならない、と言い切ることができるのだろうか？　問題の根は深く、解決は一刻を争う。実践的な回答と自衛の対策が必要なのだ。

人はなぜロードレイジに変貌するのか……私は自分自身を振り返りながら、その答えを探ろうとする。その直接的原因や誘因は、その場面や状況によってさまざまに考えられるだろうが、もしかしたら直接の引き金となるのは、やはり「その運転中に発生したストレス」なのではないか。最大の誘発原因は、様々な原因によって蓄積され、その場で誘発されて表にでてしまうストレスではなかろうか。

だが、運転中のストレスというのは、どの運転者においても、多少なりと発生するものだ。瞬間的な苛立ちだけではない。だれの中にも交通事情や他のドライバーに対する不満は鬱積しているのだ。

しかしそれでも、一部の運転者のみが凶悪なロードレイジに変貌してしまう理由は考え続けなければいけない。そうでなければ、その普遍的であると同時に例外的な、「怒れる運転者」への対策は講じられない。

私が想像するに、運転中に発生し突き上げてくるストレスを、温厚かつ温和に解消させることの術を知らぬ幼児性から、いまだ抜け出すことができない運転者が、そのロードレイジに突っ走るのではないか。つまり普段はおとなしくても、内なる性格の未成熟な運転者が、おしなべて「怒れる運転者」に変貌してしまうのかもしれない。こんな言い方に対し、ムカつくあなたは、その変貌の素質を持っているのではないですか?

私の意見は、他のドライバーに対する悪口や説教ではありません。いくらわかっていても、事故や事件に遭遇したら、命を落としたり、人生を棒に振ったりするのです。いつどこで誰が起しても無理のない、そういう危機としてロードレイジの問題はあるのだと思います。ストレスはあらゆる社会の場所で、公害のように蔓延しているのだから。

ストレスを根本原因とする交通トラブルは、誰にとっても偶然や意外なできごとではないのだと信じます。

運転中はストレスがいっぱい

現在のこの国では「(国民の) 高齢化比率の高さ」という人口動態が大きな社会問題となっている。

そしてそのことから生じる「自動車運転に適さない」高齢運転者によって引き起こされる重大な交通事故の多さは、目を覆わんばかりである。

同じようにその他の「運転未熟者」によって引き起こされる事故もまた数知れない。また別の次元の問題が重なり合って、ロードレイジの深刻な現状を生みだすこともある。

偉そうなことを言ったが、私は従来、この問題に対処するノウハウや自信を持っていたわけではない。技術や経験が、トラブル回避の絶対の力ではないことも分かっている。正直言って、私は先に書いたような「運転に適さない高齢者」や「運転未熟者」

に出くわしたくない一心で運転をしてきた。私はスポーツカーのドライバーを経験し、主婦になって現在はつつましく運転代行の仕事をしているが、キャリアや意識の高さだけで、トラブルから免れられるとは思わない。それどころか彼らの運転する車にできるだけ遭遇しませんようにと、心の中で毎日お祈りしてきた。だがいま、運転者として具体的な自衛策を、すべての運転者自身が技術と意識の両面で切磋琢磨して、あおり運転被害やロードレイジ被害にあわなくすることが急務であることに気づいた。

そこでまずその被害者となりやすい運転者の側から分析する。ハッキリ言って彼および彼女たちは、道路上に於ける自分の位置、立場というものを全く理解していない。

彼らに共通しているのは、ただひたすら真っすぐ前だけを凝視して運転し、その速度と言えば、制限速度または制限速度以内の、できるだけゆっくりした速度を保って走行することに専念する。それが「正義」であり、「安全」を保てるものだと確信しているようだ。

そのような人にとっては、道路上の自然な交通の流れというものはいっさい関係なく、全ての道路は自分のためだけにあると思っているに等しい。前面ガラスに取り付けてあるバックミラーを意識して眺めるのは三日に一回……いやそれは大袈裟だが、基本的にあまり見ない。

ではいつ、ミラーを意識して覗くのか。それはそのあまりの遅さに呆れた後続車が、我慢できずに車間距離を詰めたときだ。

そして後続車の姿を、ようやくそのミラーの中に認めた彼らは、「（後続車に）あおられた！」と感じ、それはそれでまたその人のストレスとなる。

そのとき車間距離を詰めた後続車の運転者も、すでに大きなストレスを抱え込んでしまっているのは、言わずと知れたこと。

「あおり運転」に関するストレスのパターンはこのように推測できる。他のトラブルにも共通しているのは、小さなストレスの発生が、大きな事故につながるという、一種のストレスの過飽和状態が世の中に行き渡っているということ。その真実は、毎日伝えられるニュースの中に隠れている。

TOMOTA

私の実践しているストレス解消法＝置き換えの術

ほぼ毎日、仕事と生活のために車を運転する私は、毎日のお祈りも効果なく、「高齢者の中の運転に適さない人」や「交通の自然な流れに従えない未熟運転者」に遭遇する。

私の住んでいる地域は、京都府下によくある山々に囲まれた辺鄙な所で、公共の交通手段というものがほぼ全く無い、と言っていいほど不便な地域である。

そんな地域にあって、いくら「運転に不向きな方と遭遇しませんように」とお祈りをしたとて効果を発揮するわけもなく、そうかと言ってそういう人たちにいちいち腹を立てていたのではこちらの身がもたない。都会に住む人と置かれている環境に違いはないのだ。

いきなり実践的な話になるが、そこで私が思いついたのは「置き換えの術」である。

ひと言で言うならば、自身が運転に不向きなことを自覚できない運転者を、自分の知り合いの人に置き換えてしまうことである。

具体的な例を挙げてみよう。場面は混雑した朝の電車の中、そこであなたは近くにいた人に足を踏んづけられた。近くにいた人がよろけたはずみに、あなたの足を踏んづけてしまったという想定だ。

「痛い！」と感じたその瞬間、あなたの顔は怒りでひきつり、そのままその踏んづけたらしき人を睨みつける。

だが、そこであなたはその人の胸元に付けられた社員バッジに目を止める。

するとそこに付けられたバッジは、わが息子、またはわが娘がいつも胸元に付けているそれと同一の記章であることを認める。

瞬間、あなたの怒りに満ちたその顔は穏やかな顔にと変貌し、するとその顔に安心したのか、その足を踏んづけた人も神妙な面持ちで「すみません」と言う。

あなたもそれに対しては笑顔で「いえいえ、こんなとこに突っ立ってた私がバカだったのです」とまでは言わなくても「いえいえ、いいですよ、お互いさまですよ」などと愛想よく答えることができるはず。

心理学の真似ごとになるが、もうひとつ例を挙げてみよう。

ある日どうしたわけか、突然あなたは街角で得体のしれないオバケのようなものに出くわす。

得体のしれないそのオバケ様《よう》のものに遭遇したとき、通常の人ならたいていは言い知れぬ恐怖におののく。違和感より差別より、恐怖が先に立つ。

それは、人間は「自分の理解を越えた存在のもの、または知らない者に対して、限りない恐怖を感じる」という習性があるからだ。

ところが一旦そのオバケに見えた物体が、ただの人の形をした看板であったり、木の影がたまたま人の形に見えていただけだったと知ったら、すぐにも安堵することができる。

この例でわかるように、見えない敵や見ず知らずの存在（他者）に対する恐怖が、人の心をあおって、的確な判断力を失わせることがある。自分と全く関係の無い見ず知らずの人間から、いわれのない被害を受けたとき、恐怖心や猜疑心の反動でつい怒りをあらわにしてしまうということだ。

だが、その相手（加害者）の中に、何か共通点を発見することができたり、オバケの正体が判明されたなら、私たちはようやく笑顔になれる、つまりストレスから解放されるのだ。

そこで、それならいっそのこと、その見ず知らずの他人を自身の知り合いなどに置き換えてみたら、どうなるだろうか。

前方をトロトロと運転して何台もの車行列を作っている人、後ろ姿から察するにその行列の主はおそらく相当な年配の女性……私はその見知らぬ女性を運転が苦手な親戚のおばさんに置き換えてみる。

平凡な意見に見えるだろうが、ここは私なりの個性に基づいた考えだから、どうか耳を傾けてほしい。するとどうなるだろう、置き換えた途端、なぜか不思議と腹が立たない。

それどころか、むしろあの（親戚の）おばさんどうしてるかな、一度電話でもしてみようか……などと優しい気持ちになれる。

また、追い越し禁止区間にも関わらず、次々と前を走る車を追い越す若者……もしそれが自分の子供だったならどうする？　すると、とにかくその若い人が事故を起こさないうちに、軽微な違反行為で警察に捕まって、その無茶をやめるようになりますように、と念じるようになる。きっと怒るよりも、祈りの心のほうが強くなる。

また車に乗った人ばかりでなく、危険な自転車乗りの人、歩行者……その風貌を見て、私はとっさに自身の友人や知人、はたまた親戚の誰かれの姿をそこに重ねる。

自分の激しい感情を鎮めて、冷静な判断ができる精神状態に戻るために。

すると「やれやれ……」と思いながらも、「事故になりませんように」と少しだけ優しい気持ちになれる。ストレスの噴火や爆発を免れる。

ご立派な理想のためではない。全ては自分のため、自分自身がストレスを感じたくないからである。

そのために私はできるだけ多くの人と知り合い、良い関係を保つように努める。どんなパターンであっても、その危険な人を親しい誰かに置き換えできるように……。その背景にあるのは、ロードレイジは特殊な不適格者が巻き起こすトラブルではなく、誰だって巻き起こし、巻き起こされる可能性のある問題だという認識である。そこが通じれば、あせらず穏やかに論議したっていいことだと思っている。

コラム①

困った時はお互いさま（こんなカークラブがあります）

イタリアの古いスポーツカーに苦楽を重ねながら乗り続けて約40年。

現在の愛用車は、その生産から44年も経た、すでにクラシックカーのジャンルに組み入れられる小さなスポーツカーだ。

その車は現代の目立つ大きさの、そして目立つ色の高級スポーツカーとは違っていた。その小柄なボディサイズ、地味なボディカラーで、通常道路を走っていても特に人目を引くことはないのだが、ところが車趣味の人たちが集まるカーミーティングなどに行くと、その地味さゆえか、逆に熱く注目を集めてしまうようだ。

またそういった古いビンテージカーはその維持と運転が難しいがゆえ、たいていの場合運転は男性がしているのに、私の場合は高齢ながら女性が乗っている。高齢の女性がまだ元気そうに乗っている、ということでも、未だに人目を引くのかもしれない。女だてらに、しかも高齢の女だてらに、という人目はいやでも気になる。私はそういった理由であまりカーミーティングには参加しないようにしているのだが、私ができる限り参加したいと願い、唯一それを実行しているカークラブがある。私の乗る車と、同一車種の車のみを所持している人のためのグループである。

このカークラブの創立理由と趣旨はといえば、この国にあるこの車種の車たちを一台でも長く、そして元気で走らせることができるようにするのが目的で、私もこのカークラブに参加させてもらって以来、何度もクラブ員の方たちに助けてもらっている。説明不足のまま、皆さんに理解いただきにくい話だろうが、今日の自分を支える価値観を醸成する上で、役に立った経験を垣間見てください。

うちのグループは、なんだか、敬老精神にあふれた、心優しい介護者たちの集まりみたいだ。もちろん高齢者を含んだ独特のカークラブである。

その中でも特に忘れられないこと。いつの年だったか、この会の春のミーティングをちょうど数日後に控えたある日、ラジエターかウオーターポンプの部分の、リングかワッシャが破損していて水漏れが止まらない。これだと目前に迫ったミーティングに参加するのはとうてい不可能か、とメカニックと頭を抱え込んでいたのだが、ふと思いついてクラブの会長に電話を。

すると会長は「わかりました、そしたら持っていそうなメンバーに訊ねてみます」との返事。

そして驚くなかれ、必要な部品たちは、その日の午後にはさっそく埼玉にあるK氏宅を出発、次の日の午前中には車を預けてあるメカニックから「もう（部品が）届きましたよ」との電話。さすが、わが愛するオーナーズクラブである。技術とお金の問題ではなく、車にこだわり車を愛する精神の、価値ある側面である。

こんな話はまだまだある。

これは私のことではないのだが、ある年のこれもまた春のミーティングでの話。この回だけは私は車での参加はできなくて、その最後の食事会だけ合流させてもらって、その食事会で聞いた話である。

その日みんなでツーリングを楽しんでいた時、ある会員の車のアクセルワイヤーが切れてしまったそうだ。

そこで、「だれか、アクセルワイヤー持ってませんか」と呼びかけたところ、「持ってますヨ」の声とともに出てきたアクセルワイヤーの数、その数たるやなんと総計6本、なんと6人もの会員が新品のアクセルワイヤーをトランクに忍ばせていたそうだ。

その話を聞いて、私は驚くやらあきれるやら。つまり感動した。「みんな心の底からこの車が好きなのだ」。こういう愛着と、それに基づく知識や技術の集積は、車の運転者にとって大事なことだと考える。金持ちの道楽の領域のエピソードだと思われたくない。私の主張と訴えを、無駄にしないでほしい。セレブや道楽者紹介のテレビ番組ではないのだ。

さらにある日ある時、その日は大阪では今や恒例となっている「御堂筋パレード」に当クラブから20台の車が参加することになり、その会場へと車を走らせていた時のできごと。

一台の参加車両が突然エンストを起こし、そのドライバーもあわてふためいたのだが、ちょうどその近くで居合わせたのが、パレードの始まりを待っていた当クラブの専属（?）メカニックや私たち。

ところが、メカは車に近づくやいなや、

「みんなで手をかざして、ハンドパワーを送ろう」

何という迷信！　だが、エンジンは見事に復活、実のところは、あまりにも暑い最中に行われたイベントだったのでエンジンはパーコレーション現象を起こしただけだったのだが……。信じるモノは救われる。自分と車の深い関係を、疑うことなく死ぬまで生きる、素晴らしいメンバーたちだった。

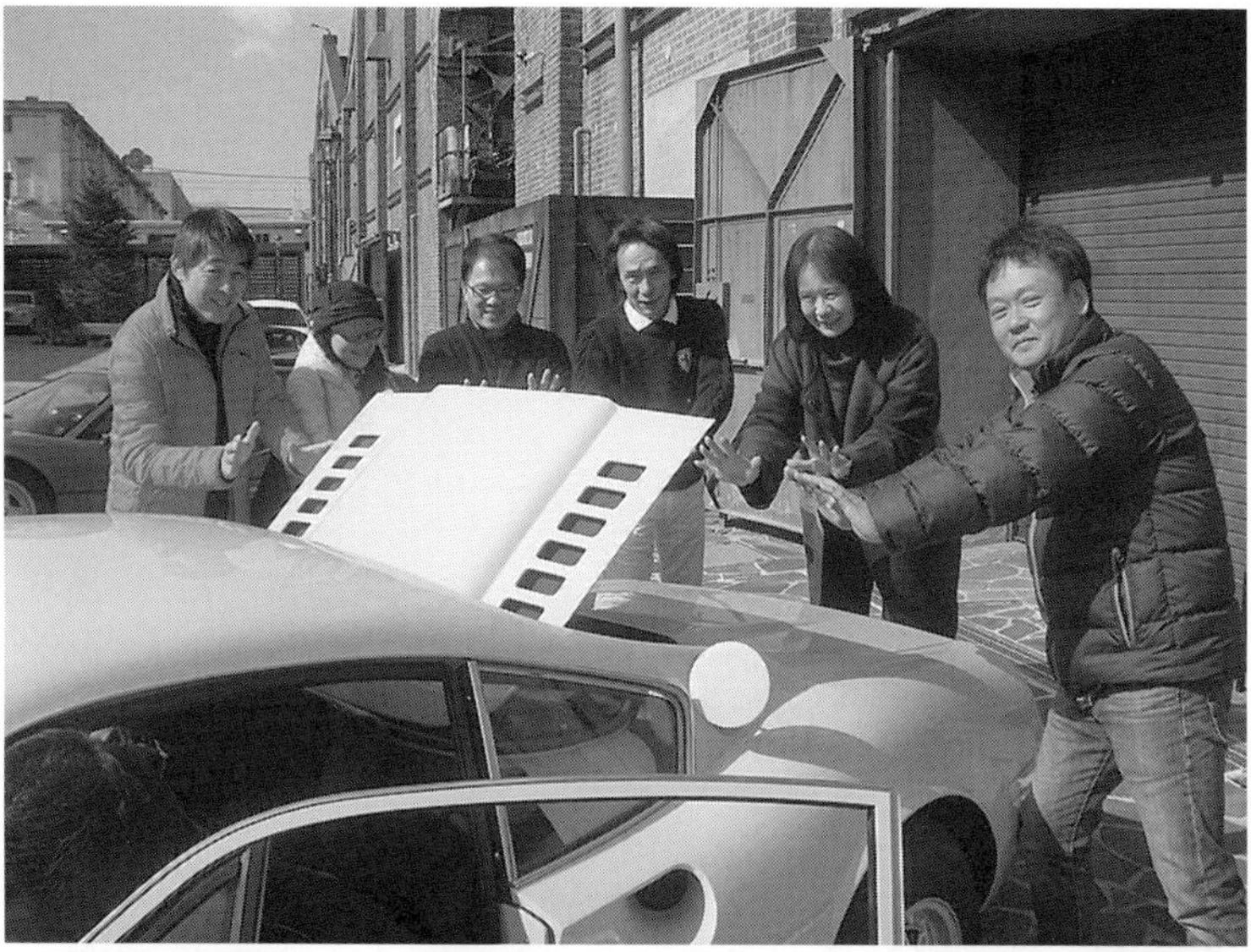

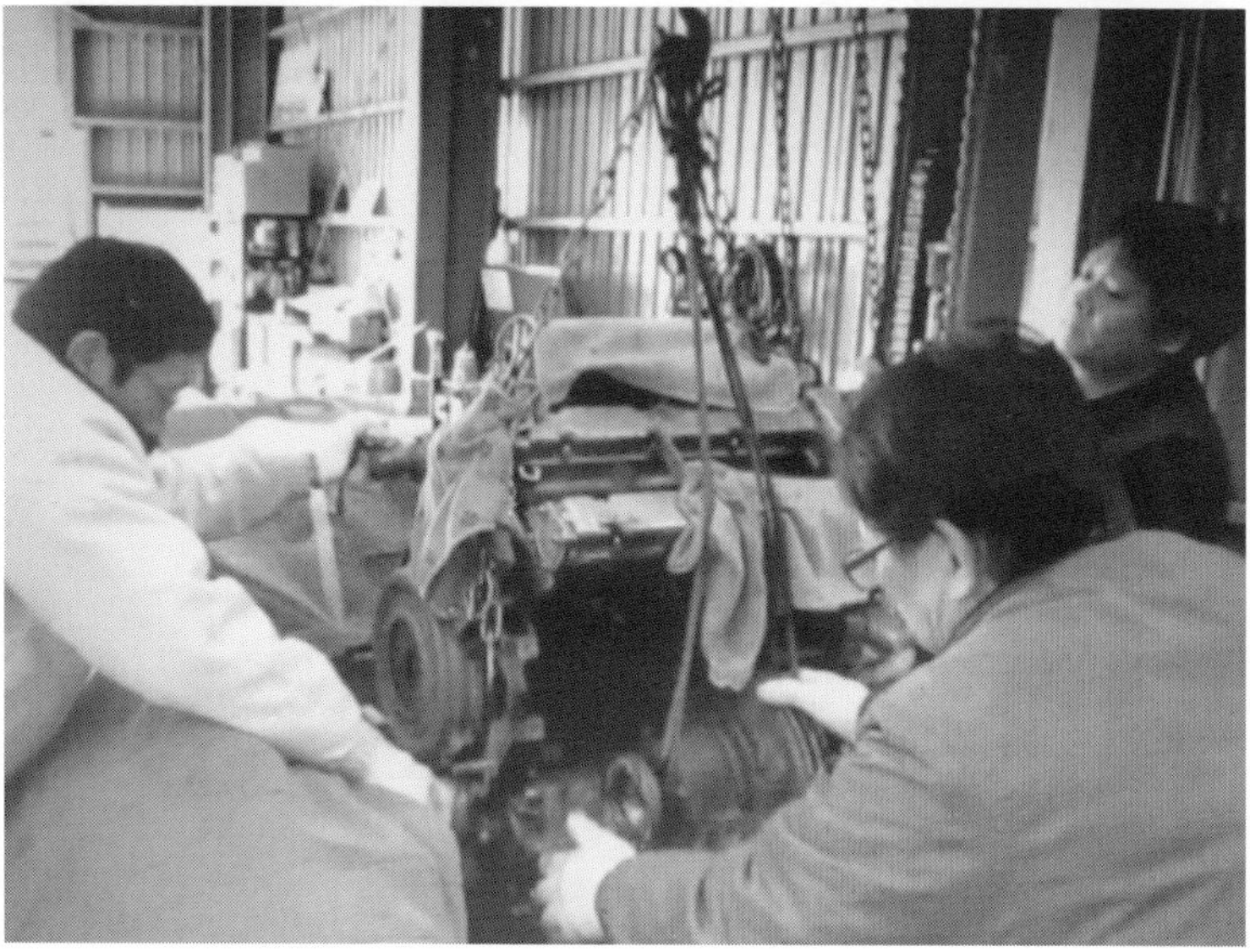

上：心を一つにしてハンドパワーを送る
下：みんなで協力してエンジン降ろし

ではどうするか――トラブル回避の視点

前書きがずいぶん長くなったが、本題にもどろう。

表題にあるように、全ての運転者が交通事故被害に遭わないように、交通事故を起こさないようにするためにはどういう運転をすればいいのか、また「ロードレイジ」被害者にならないために、そしてまたその逆になるが「ロードレイジ」を自ら生み出さないようにするために、果たしてどういう運転をすれば良いか。どうすれば周りの運転者を「ロードレイジ」に仕立てずにすむのか。その秘訣をここでようやくお伝えしてみたい。

と言うと、いったいどんな高度な方法なのだろうか、免許を取ってすぐの私にもできるだろうか？　と難しく思われるかもしれないが、着眼点はたったの一言である。たった一言、それは「現状を正しく広く認識する」ことであり、前にも書いたが「自分の置かれた立場や状況を正しく認識する」ことである。

私たちが今、車を運転するうえで、いったいどこまでその時々の交通状況を正しく認識し、把握し、刻一刻と変化し続けるその時々の道路の状態に、的確な判断力や想像力を発揮して、それに対処することができているだろうか？

運転技術の未熟な方、高齢で運転能力に衰えが出てくる方の、危険の自覚や、運転の回避も必要だが、十分な経験を持ち、ベテランの域にある方の、自己過信や慣れによる油断、自分は正しいという頑固な確信も、大きな危険要素として注意を喚起したい。

事故は、まず回避するべきことであり、当事者のどちらが正しいか、どちらが法律を守っていたかの問題は事後の検証の問題である。被害者にならないこと、加害者にならないことが、なにより大事だというのが、私の立場である。

運転者にも、歩行者にも、平等な視点が必要だと思っている。法律や警察の交通指導にも、現状を尊重しつつ、公平な視点から発言していく。

「あおり運転」による交通トラブルの回避。それができるようになるための直接的手段を私はここに記したい。

一枚の運転免許証は六台の車に通じると考えるべし

一枚の免許証は、道路上で出会う六台の車の安全に関わっている。先ずこれを伝えたい。これは実は車の運転の大原則である。

それなのにこれはおそらくどこの教習所においても教えてくれない。

私たちが運転免許を取得する際に教えてくれるのは、まず「安全運転のために大切なことは〈認知・認識〉です」といった常識である。しかしではいったいどうすればその「認知・認識」ができるようになるのか、その具体的な方法を誰も教えてはくれない。

このタイトルを見て「ハハーン、そうか！」と頷いたあなたは、相当な運転経験をお持ちだと信じることができる。

そのような方は、もうこれ以上この本を読み続ける必要は無いかもしれないが、せっかくここまで読み続けてくださったのだから、ここはひとつ最後までおつき合い願いたい。

それに比べ「はてな？　これはどういう意味かな」と首を傾げたあなたは、まだまだ前方だけをまっすぐ見つめ、たまに時々首を右、又は左におざなりのように振っているだけかもしれません。バックミラーも、六台の車の存在も、しっかり意識されていないのではありませんか。

この「首振り」については、人が車を運転するうえのみならず、生きていくうえにおいてもとても大事なことである。

人は生きているうえで何度も首を振る、その行為の目的は……すなわちその行為の目的の大半は「自分の身の廻りの安全確認」のためだと私は考える。

(幼児が「イヤイヤ」と言いながらする首振りは、大抵の場合「目をつぶる」ので、ここで言う首振りとは基本的に違う)。

若い頃、私はフクロウ……そう、あの「森の哲学者」と形容されるフクロウが大好きな時期があった。ま、今でもフクロウは大好きだが……そのフクロウを見て特に羨ましく思ったのは、なぜかフクロウという生き物は首を３６０度回すことができる。つい今しがたまでこちらを見ていたと思ったらいつの間にかその顔面を、胴体は全く動かすことも揺らすこともなくクルッと首をひねって瞬時にこちらに向きなおさせる、という芸当ができる。そのことである。

この便利な機能は生き物がその生命を、安全に長く生きながらせるに最も適した構造であると言えるだろう。

なぜなら、それと違って人間の場合を考えてみると、その身体の後方を振り向いて安全確認しようとしても、前方景色と後方景色がうまく動画のようには繫がらない。また首を回せる角度も坐位のままだとするとせいぜい90度くらいか、その上半身をひねってみてもようやく１５０度くらいにしかならない。

ここはひとつフクロウに見習うべきだ、と考えた私。私たちも車をバックさせる時に後ろにちょっと首をひねっただけで容易にバックすることができるようになったり、また車を運転しているときばかりでなく、後ろから来た誰かに、路上で「もしもし」と呼びかけられたとしても、瞬時に首を軽くひねるだけで後ろから呼びかけた人の様子がわかる、これは便利だろうと考え、毎日思い出すたび、ヒマができるたびに、首をできるだけひねってみる、というトレーニングを続けていた期間があった。

だが、それも何カ月間か続けてはみたものの、やはりフクロウのカラダの作りと人間のそれとは全く違うのか、特に遺伝子レベルで最初からの作りが違うのか、どうもあまり効果が見えないように感じ、ついには首を180度ないし180度近く回せるようにする、という思いつきは実現させることができなかった。

ついわき道にそれてしまうのが私の悪い癖だが、肝心の「一枚の免許証は六台の車に通じる」を説明しよう。

一台目の車

これは明らかにあなたご自身が直接運転する車のこと。

あなたはトラブルの発生から守られるべき主人公であるが、同時に自分を疑い、その心理や衝動を冷静に見つめ直してほしい。

二台目の車

あなたが前方を眺めながら常に目にしている、直近の前方を走行する車のこと。前を行く車のストップランプが赤く光ると、当然あなたも反射的にブレーキペダルに足が行くことと思う（足に支障が無い方の場合ですが）。だから、この車についてはすでにどなたでもやってらっしゃることだろう。

三台目の車

先に記した二台目の車のすぐその前を走る車にも、あなたは十分気をつけなくてはいけない。

なぜなら、あなたの直前を走る車が通常の運転者であるとしても、その前の車の運転者が指示器も出さずに突然左折しようとしたり、また急ブレーキをかけていきなり停車しようとするかもしれない。そうなるとあなたの前の車はもちろん、その迷惑はあなた自身にも瞬時に振りかかってくることは十分予想できる。

四台目の車

あなた自身が操作している車（一台目の車）のすぐうしろ、直近後続車のこと。先にもすでに書いたように、後続車のことを全く気にせず、自身の前方に取り付けられたバックミラーをほとんど見ないまま走行する運転者をよく見かけるが、大変危険な行為だと思う。

また、バックミラーは付いていても、その後方の様子がそのミラーに映らない窓のない箱車などの貨物専用運搬車……その運転者はいったいどのようにして後続車の有無の確認をするのだろうか、そういう車がバックするときのみはバックモニターが反応するが、バック走行のみで走る車などはありえないので、常時いつでも後続車や障害物などを確認することができるようにしてもらいたい。

余談になるが私の場合、この四台目の車をできるだけ常時確認するようにしている。それは走行中振り返って後方ばかり見ている、という意味でなく、車の前面ガラスの上部に取り付けられているバックミラー画面を前面ガラス画面の一部分として、前方光景とバックミラー内光景を一緒に見るようにしている。

そうすればこの四台目の車もほぼ常時見続けることが可能となる。

想像力と細心な注意力は運転技術の一部として大切なことなのです。

ついでにもうひとつ余談を……この四台目の車を常時把握できるできないは、私にとっては大きな問題だ。

最近立て続けに二台、世間で言うところのいわゆるスーパーカーなるものを試乗させてもらう機会を得た。

そのうちの一台はイタリア製、もう一台はイギリス製である。

その二台の車たちの走りはさすがのスーパーカー、外観もその排気音も、どれをとっても一点の文句のつけようもない。

「良子さん、もし、もしもどちらかを選ぶとしたら、どっちにする？」と一緒に行った友人が問う。

「私、私ならイギリス製のほうを選ぶわ」

私は即座に答える。

だって、だって……イタリア製のほうは後部ガラス面があまりにも狭いため、後方が見えないもの……。

はい、私にとって後部視界の良し悪しは、それぐらい重要なことです。

五台目の車

四台目の項で書いたように、自身が車を走らせるその時間、その刹那、その道路上には多数の車が行き交っている、その道路が一方通行路でない限り、自身の車の右側車線では多くの車がこちらに向かって走行してくる。

その道路というのはつまり対向車線のことなのだが、この道路を走る車の中には、間に引かれたセンターラインをスレスレに走行してくる車もある。同時に、その対向車の道路端を行く歩行者や自転車なども計算しなくてはならない。なぜなら、そういった歩行者や自転車を避けるために、対向車はこちら側の道路にセンターラインを越して大きく飛び出してくるかもしれない。だから常にその対向車やその車たちが走る道路上の状態も、自分が走行している車線同様に把握しておかなければならない。

またこの「五台目の車」というのは、片側複数車線のある道路においては、常に隣り合う車線を併走する車ということになる。

また高速道路上においては、常に隣り合う車線、あなたが走行車線を走行中ならその右側にある追い越し車線のことも意識しなければならない。たまたま走行車線を走る車を追い越すために、追い越し車線上にいるときなら、当然走行車線を走っている車が「五台目」ということになる。

なおついでに言うなら、この高速道路の走行区分というものに対して、誤解しているような人を多く見かける。

通常の片側複数車線を持つ高速道を走行する場合、基本的に走行するのは進行方向に向かって一番左側にある車線であって、その右側にある車線はあくまでも「追い越し車線」である。

そのことをくれぐれも言っておきたい。

そのため、走行車線上から先ず追い越し車線上に移動し、走行車線上を走行している車の追い抜きを完了したのちには速やかに走行車線に戻る、というのが基本的な「追い越し」である。

その時点で初めて「追い越し」の完了となるのだが、そのことを忘れたまま、そのまま追い越し車線上をこちらの方が空いているから、などと思って走行し続ける運転者をよく目にする。

そういう運転者にかぎって、追い越し車線上をダラダラとした速度、隣の走行車線を走行する車と似たり寄ったりの速度で走行するものだから、後方に続く車たちにとっては迷惑この上ない。

テレビの報道や解説などを見ていて、この車線走行についての正しい運転マナーや技術について、不適切で偏った（被害者の側のミスを見落とした）ものをよく見かける。高速道路と一般道路の区別もあるが、追い越した後は、すみやかに走行車線（複数車線の場合の左側）へ戻り、そこで適度なスピードで走ることが基本である。

六台目の車（または六番目のモノ）

さて今まで数えた五台目の車の次にくる車、六台目の車というのは、これまでのような具体的な車やモノではなく、ちょっと想像力を働かせる必要のあるもの。「意外性」として登場してくるのが、「六台目」である。

古来「人間は考える葦である」とはよく言ったもので、目の前にあるものを認知するだけでなく、ここはひとつ考える力、想像力を大いに働かせてもらいたい。

ずばり一言で言うなら「いつどこから飛び出してくるかも知れない車やモノ」のこ

とである。

私事になるが、ここ数カ月間というもの、週に数回深夜の田舎道を走行する。私の住まいは小さな田舎町なのだが、さらにもっと田舎に向かって走る。深夜の田舎道は真っ暗だ。すれ違う車も滅多にないので当然ヘッドライトはハイビームを主に使って走行する。

途中、日本の田舎町ではよくある光景だろうが、とにかく動物たちがところどころに出現する。特によく見かけるのは道路脇にある好物の草をムシャムシャと食べる鹿たち。

鹿たちの中には危険を顧みずに道路を強引に渡ろうとするものがいる。ご丁寧に家族一

道路に現れた野生の鹿

同揃っての移動だ。

時には親しげに（？）車と並走するツワモノも……。

こちらもそんな彼らに抵抗するために、某大手カー用品店で販売されている「動物よけ笛」なるものを車のナンバープレートの両側に張り付けているが、あまりその効果は見込めないように感じる。

そうなるともうこの「六番目のモノ」に対抗する手段としては、ただただ減速するよりほかないだろう。

制限速度50キロの府道をひたすら30〜40キロの時速でノンビリと鹿観察を楽しみながら走る。

もちろん、時折後方から追いついてくる後続車には、その安全を確認できる場所において即追い越してもらうようにしながら。やれやれ……。

さてこの章の結びとして、私たちが車を運転するにあたって最も気を付けなくてはいけないのは、自身が直接運転する一台目の車は言うに及ばず、直接の事故に直結するものはと言えばそれはやはり「六台目の車、またはモノ」になる。

そして今ひとつ忘れてならないのは、その「六台目」は時と場合によって様々なモノや危険物にも変化するということだ。

ひとつは先にも書いたように道路に飛び出してくる鹿やイノシシなどの動物たち、それともうひとつ、車に乗る以上絶対に忘れてはいけないモノのひとつに「警察の速度取り締まりレーダー」や「交通機動隊の白バイ」なども突然現れてヒヤッとさせられる。

それらに遭遇するたび、今日の「六台目の危険」はこれだったのかとつくづく思い知らされつつ安全運転に努める毎日である。

1
2
3
4
5
6
TOMOTA

視点を変えて

数少ない例ではあるが、最近は空からも航空機の落下物があり、自国他国の航空機自体の墜落事故もある。

すでに数十年も前の不幸な事故であるが、他国の航空機が民家に落下、その家にいた女性が大変な大やけどを負ったうえ、苦しい治療が何年もの間続き、その過酷さきわまる治療の様子がテレビで放映された。その女性と、ご家族の苦しみやいかに、と感じながらその番組を拝見した時の衝撃は、今も忘れることができない。以来私は時々赤信号を待つ間など、ふと空を見上げる。

安全なはずの自宅にあって、こんな不幸な災難が起こりうる。

安全な固定された家、場所……そこに大きな質量を持つ物体が衝突するだけで、そんな悲惨な状態が発生する。

ましてや、これもまた巨大な質量を持つ移動物体である自動車同士が接触、衝突するならその被害の大きさは計り知れない。

地球を覆う薄々な、オブラートのような皮膜の上を車同士が共有、そしてうごめきあう。

それは地球規模からするととてもちっぽけな移動でしかない。

そんなちっぽけな移動のために、なぜ人々はそんなに急ぎ、慌てふためくのだろうか。そんなに慌ててどこに向かって進んで行こうとしているのだろうか。

そんな感慨にふけっていられる状況ではないですね！

すでに社会的な公害の域に達したストレスをベースに、あおり運転やロードレイジたちによる事故やトラブルの危機は、私たちの周囲に充満している。

冷静に、しかし最大の注意と反省を、お互い同じ目の位置で考えよう。

失敗から学ぶ

これまで私は「一枚の免許証は六台の……」という戒律を守って運転業務に励んできた。

それなのについ先日、お恥ずかしい限りだが事故を起こしてしまった。

その事故というのは、長年持ちつづけている、すでに「クラシックカー」の部類に入る一台の車をその車庫から出そうとしたときのことだ。

わが家のその車庫の前面は道路側から見るとゆるい登り坂になっている。

だからその車庫から車を出そうとすると、当然そこにはゆるい下り坂がある。

車を出すのにあらかじめオイル漏れは無いか、ラジエターからの水漏れは無いか、の確認だけはしてあったので、迷うことなくいつもどおりにクラッチペダルを踏みながらエンジンをスタートさせる。そして次にすることはと言えばチェンジギアをローにゆっくり入れながら左足をクラッチペダルから引き離す。

そのとき、ちょうど車庫の前の工事中の道路に一台のトラックが侵入して来ていたのを目の端に留めてはいたのだが、そこまで行く前に（車を）停車させればいいと思いながら、軽くアクセルを踏む。

そしてゆっくりと進行しながら右足をブレーキペダルに……ところが、ところが、踏んでいるはずのブレーキペダルが……なぜかペダルだけはスコッと入ってしまうのだが、車は一向に反応しようとしない。

車はスルスルとその下り坂を滑っていく。

警官による現場検証

その間、私は何度もブレーキペダルを踏み替えるのだが、一向に停まる様子が無く、ついに目の前に停まったトラックのサイドバンパー目掛けてドスン……あーあ、やってしまった。

事故のあと、そのクラシックカーの修理と管理をしてくれているメカが言う。

「運転席に座ったら、やっぱりブレーキペダルぐらいは踏んでみて、効くかどうかぐらいは確認してくれないと」とのこと。

恥よりプライドより、痛く痛く心に響いた。

その事故を思い出しながら私は思う。

あのとき、なぜ座った腰の横にあるサイドブレーキに気づかなかったのか、右手をそのままちょっと下に降ろすだけのところにサイドブレーキがあるのに、なぜそれを引けずに、ひたすらハンドルだけを握りしめていた自分が情けない。

あの時間、ブレーキが効かないと感じた瞬間から追突までの時間、けっこうな長さの時間があった。実際は数秒間だけなのだが、その間「これは（トラックに）当るしかないのかな」「とにかくハンドルだけはまっすぐ持っておこう」とまでは考えることができたし、トラックの運転席に座った運転手の顔もしっかりと見ることができた。だが、それなのにたったひとつの行為、サイドブレーキに手を掛けるという、最も容易な行為をすることができなかったのはどうしてだろうか。

これはあまり思いたくないことではあるのだが、もしかしたら年齢のせい？と思わざるを得ないのかもしれない。

こんな常識的なものの気づき方も、きっかけがなければ得られないのだ。気づきや覚醒が遅れて先へ延ばされたら、もっと痛い目に遭わなければならないだろう。すでに準高齢者となってしまった私、今まで年齢による運転能力の低下など、他人ごとだとばかり思っていた私、さらなる慎重にも慎重を重ねたうえでの運転を心がけねば……。

ついでに愚痴る。愚痴も発見のひとつだ。気づいたことを言いたいのだ。

当方この10年以上の長きにわたって、安全運転管理者という任務をおおせつかっている。その主な業務内容としては、一年に一度京都府公安委員会が開催する安全運転管理者講習会を受講すること、そしてその講習会の内容をその所属する法人に持ち帰り、そこでその内容に基づいた安全運転のための指導、啓発するというものである。

だがこの安全運転講習なるもの、ハッキリ言っていったい何のための講習なのか、首を傾げる。

なぜなら、その講習内容はといえば、毎年通り一遍のまさしくマニュアル通りの講習内容で、私たちが数年に一度受ける運転免許証更新時における講習内容とほとんど変わらないからだ。そしてそれらの講習の最後には必ず「スピードは控えめに」という言葉。

スピードを控えた運転のみが事故を防ぐのか？

法を守ることや、スピードの出し過ぎへのいましめを、無視したり馬鹿にしたいから言うのではない。安全運転への強調点というか、ポイントを正確に理解することの大切さをお話したいのだ。

私はこの問いに対してはノーと言う、ノーと断言できる。

先に書いたようにどこの交通安全講習においても「スピードは控えめに」と唱える。そしてスピード取り締まりの現場においても、その取り締まった警官は、必ずそのスピード超過違反をした運転者を慰めるかのように、また、自分のその取り締まり行為を正当化するために「事故を起こす第一原因はスピードの出し過ぎですから、今後はスピードを控えてくださいネ」と決まり文句を言う。

ウソだ、それは全くのでたらめだ。もちろんよ！　言い過ぎだが、意をくんでほしい。

なぜならば、ここ京都府においての交通事故多発場所というのは、交差点内、及び交差点付近である。

多くの事故のその直接的原因はといえば、その交差点での運転者の認知間違いなどの過失によるものであって、決してスピードオーバーがその直接的原因ではない。

もし本当に本気でこの国から交通事故の発生を少なくしようと思うのなら、東京都心部で見かけるように、各交叉点に警官を配置するという対策をとったほうがより一層の効果をあげるように思う。

すでに全国の警察、公安委員会などは、その地域における交通事故多発交差点や類似の箇所は把握できているだろうから、特にその個所を重点的に常に警官を配備しておけば、どっちみち事故の後には遅かれ早かれ必ず警官たちがその検証のためにその現場に行くのだから、あらかじめその事を予想して、配備しておくようにする。

故障したブレーキマスターシリンダー

すると事故も起こりにくいし、また人数的にも事故の後の検証なら数人の複数人員が必要だが、事故にならないようにする配備だけならひとりの警官だけで事足りる。だったらそのほうが無駄もないし、一石二鳥ともいえるので、絶対合理的だと思うが、どうだろう？

コラム②

押され掛け上手

これも、悪戦苦闘しながらイタリア製のスポーツカーに乗っていた頃のことだが、当時のイタリア車の故障の多さには本当に泣かされた。今から思うと、特に電気系統の部品の性能がよろしくなかったようで、エンジンの始動時はその都度神様に祈るような気持ちで慎重かつ神妙になった。

だがしばらくして気付いたのは、調子の悪くなった車はいつまでたっても、どんなことをしたとしてもどんどん悪くなっていくばかり、調子の良い車はいつまでも調子が良いということだった。相性もある。非科学的な発想に思われるかも知れないが、車のメカに潜むそれは複雑でデリケートで、女ごころより扱いが難しいのですぞ。

中でも「ミウラ」というミッドシップエンジンの車は、走行中に運転席の後ろに積まれているエンジンから煙が出て、あわや火のクルマになりかけたことがあった。電磁ポンプを回すエンジンのかけかたも、いまは貴重なものである。

　こんな話も、現在のロードレイジのような難しい新しい問題を解く上で、もしかしたら役に立つことかもしれない。直接今日の運転に関係がないように見えて、基本的に必要な知識や、技術の磨き方にも関わってくる。直接車の売り方や、作り方や、免許の与え方に関わらないから、誰も機械のメカニズムや、運転技術の真髄について教えてくれない。困っても、私の仲間たちのように、助けてくれない。何のメリットもないからだ。

　それで、トラブルに遭い、追い詰められ、死に至る恐怖を味あわされるのはあなたです。私の責任じゃないでは済まされないから、蛮勇をふるっているのです。コラムはすべて、専門家からも、素人からも、警察からも、敵視され疎んじられることを覚悟の上で、自慢話ととられるかもしれない文を書いています。

　不幸にも私が初めて買った12気筒車は……フェラリー社製の365GTCという車なのだが、最初の頃はまだ普通に乗れたし、大きな故障もなかったのだが、そのうちにエンジンの始動に苦労するようになった。

いまなら、あ、これは電気系統がだめなので、日本製のそれに取り替えればすぐに（エンジンが）掛かるようになりますよ、というような感じで比較的容易に直してもらえたのかもしれないが、当時はまだそんな時代ではなかった。

一旦エンジンを停めてしまうと次に掛けようとしても中々それができない。何回もセルモーターを回すこともできないので、結局は近くにいる人たちにお願いして、お決まりの「押し掛け」ならぬ「押され掛け」となる。


その「押され掛け」の話。

ある時大阪にある某有名ホテルで友人と待ち合せた時のこと、私たちは何も知らずにその日に待ち合せただけなのだが、偶然そのホテルにたまたま昭和天皇陛下が来られるという日に当たっていたようで、突然ロビーに「あと15分で（昭和）天皇陛下がお着きになられます」というアナウンス。

するとそれまでざわついていたホテルのロビーは、そのアナウンスが流れるやいなや一瞬のうちに、まさしく一瞬のうちに水を打ったようにシーンと静まりかえる。

そのあまりの静寂、その場に居合わせた人たちの顔からもそれまでのにこやかな表情は消え去り、どことなくその雲上の方と同じ場でひと時を過ごすという緊張感がみなぎる。

一瞬のうちに緊張のルツボと化したその場の雰囲気は、まだ二十歳そこそこの私たちにとっては場違いすぎた。「象徴天皇」の、しかしまるで生き神様のような、不思議な人間力だ。

そのことを直感的に察した私たちは、誰が言うともなくそのホテルから退去しようと、揃ってそのホテルの玄関へと向かう。

ホテルの正面玄関前にある駐車場には私が乗ってきたフェラリー、そしてその隣には友人たちが乗ってきたポルシェ。

私はそのフェラリーに乗り込み、急いで車を発進させようとしてキーを刺し込み、そしてセルモーターを回す。

しかし、エンジンはかからない、多分急ぐあまり最初に電磁ポンプで必要な量の燃料を送れていなかったためにそうなってしまったのだろうと思い、また電磁ポンプを長い時間動かし直すのだがエンジンはかからない。

そんな事を何度も繰り返すのだがわがエンジンは、ムムム……ムム……ムムムと苦しそうな唸り声をあげるだけ。

どんな場面でも、あわてないで対処する、という訓練の場面であった。

ところが、その時サッと駆け寄ってきてくれたのは、私のしぐさをその正面ドア脇や玄関先からそれとなく眺めていたボーイさんたち。

「すみません、エンジンが掛からないので……すみませんが、押してください……」

それだけで心が通じる、いえ、とにかく「押して」もらえる時代だった。

昭和という時代の、まさしく昭和天皇がお越しになられる直前の忘れられない想い出です。

「押し掛け」という言葉は、現在のオートマチック車では決して応用することのできないエンジン発進の方法であり、皆さんの知識や必要性のないことかも知れないが、ま、日本昔話（？）として聞いておいてほしい……。

スピードを控えることの危険性

大事なことなので、ここでもういちど、スピードを抑制することだけを強調する交通指導が、どんなに大きな危険性を孕んでいるかを改めて取り上げたいと思う。

皆さん、最近のこの国の災害被害の規模の大きさは、体験や間近な見聞として抱え持っておられるだろう。

地震、それに伴う津波、火山噴火、台風時における大雨や河川などの氾濫。近い将来に必ず起こると言われている東南海大地震も、皆さんの想定内の話だろう……。

どうです、車に乗っていてそれらに遭遇しそうになったとき、あなたはどうしますか？

危機が迫ってくる状態で、退避や脱出をしなければならないとき、こんなことを言われますか？

「私は、いつも警察の指導に従って、制限速度でしか走ったことがないので、そんなに速く逃げることができません」

「なるほど、じゃあ仕方ないですね」と言って立ち去ることなんかできないでしょう。

もし大雨の中、たまたま河川を渡ろうと、橋に向かっていたそのとき、架かっている橋のたもとの辺りは、すでに茶色い水に覆い尽くされてしまっている。川の水かさはまだまだ増えそうだ、橋に続くこの道路の上にも川の水が流れ込んできそうだ。

そんなとき、あなたはどうしますか？

すぐさま方向転換をして、あわてていま来た道を引き返そうとするのだが、道幅はそんなに広くない、降りしきる雨の中、道路の両脇にある小さな溝の辺りも茶色い水に覆われ、どこまでが道路なのかもよくわからない。

しかし、そんな中を、幸運にもなんとか方向転換することができた。

額の汗をぬぐいながら、あなたはまたゆっくりと、偉大なる順法精神に従って制限速度を守りつつ、無事に帰宅する……ありえません、そんなこと！

コラム③

高速走行時における目の訓練？

その昔、私はフェラリーやランボルギーニなどの12気筒車（むろん中古車なのだが）を、若いくせにかなり無理をして乗り続けた。

そのため、それらの高速走行可能な車の性能をできるだけ引き出せるようになることが大事だと考え、その訓練をした。

「目が高速走行時用に慣れるように訓練する」ということである。

一九七〇年代、この国ではまだイタリア製のスポーツカーというものがあまり普及していなくて、特に関西ではその扱い得意とするところが少なかった。あとのメンテナンスなども考えた場合、購入は当時イタリア車の販売を多く手がけていた横浜の車屋さんからせざるを得なかった。

メカニズムの複雑で繊細なその車たちは実によく故障した。絶えず、キャブレターの調整やプラグ交換が必要だった。あまり部品を必要としない修理だったら、関西でも可能だったが、本国などから部品を取り寄せないといけない場合は、やはり長期のお泊り修理となる。

そんなときは、お金が足りなくても新幹線に乗らざるを得ない。

修理代がいくらかかるかもわからないままに、新幹線を使って横浜まで行くのだ。その無駄遣いを紛らわすかのように、いやその新幹線代をせめては有意義に使おうと、新幹線に乗った時は必ず食堂車に——。

そして、その食堂車の中心にあるカウンターに近寄ることなく、壁面に貼り付けてあった丸い、直径5～6㎝ぐらいだったろうか、その運転席と連動しているスピードメーターを睨みながら、チラチラと横目で窓外の風景を眺めつつ。

「今200キロか……200キロの世界っていうのはこういう光景なんだ、風景はこんなふうに流れるんだ」と、一瞬で走り去る車窓風景に目を慣らせることに終始した。

これが若き日の私の高速用の目の訓練だった。

無茶な経済生活の中でも、ちゃんとやるべきことはやっていたんだね、と誰か言ってくれないか。いまは自分がそういうことを人に言いたい年になっているのだ。

思えば、お恥かしいかぎりだが……。その高級な車の特別な性能を活かすため、そして自分の安全を守るための、大切な意味を持った訓練だった。

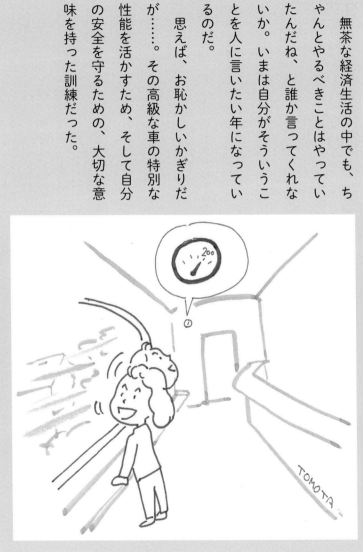

シミュレーション訓練の必要性

しつこく申します。

人はいつどんな災害に遭遇するかもしれない。

そんなとき、過去にわずか教習所で習った車庫入れと、幅寄せぐらいの技術を持っただけで、この過酷な自然災害に遭遇した場合、その方はいったいどう対応するのだろう。

なかでも、その危険個所から素早く、かつ安全に逃げ去ることができるようになりたいなら、いち早く車を的確に操作し、走らせることの練習と訓練をすること、させることが、いかに重要なことか。

そのためには、免許証を持った運転者に必ず受けさせている、更新時のあまり効果の無い聴講だけの安全講習などは即座に廃止して、実際に運転者自身に早い速度を体験させることが絶対必要だ。出したことがなかった速度を出したときの恐怖感と、その加速に伴う視野の変化を、一刻も早く体験しなければ始まらない。危険を知らずして安全が保てるものか。

しかしながら火急の時には、そんな状態にも関わらず、冷静な判断と対処が求められるということを、全ての運転者に徹底的にシミュレーションさせて、どんな場面、状況にも適切な判断と対応と対処の方法を心がけさせ、覚えさせることが重要だと思う。

ちなみに、あるエアラインの現役パイロットを務めておられる方からいただいた、航空機の免許取得時におけるシミュレーション訓練の様子が書かれた手紙があるので、それをそのまま引用、紹介する。

現役パイロットからの手紙

（以下は手紙文です――著者註）

パイロットの訓練のシミュレーター時間ですが、メインで行うものは25時間位で、どの機種も大体同じです。

一回が2時間、シミュレーターはとてもよく出来ていて、乗り込むと本物と同じ感覚です。外からその動きを見ると大きく傾いたり、上を向いたり、そのお陰で中にいると実際と全く同じ縦横、前後のG（重力）を感じます。

そして今はグーグルの地形の写真画像を取り込み、道路や川だけでなく、ビルや東京タワー、高速を走る車達まで画像が動きシミュレートできるようになっています。

シミュレーター訓練は12回連続でやります、乗り込んでの訓練を実りのあるものにするためには、毎回事前の自習が必要で、終わってから振り返り反省と対策、そして身体に染み込ませるための手順の反復練習――これは、コクピット（操縦席）と同じ大きさの計器パネルを部屋に置いて練習します。この「イメージフライト」がとても大事です。訓練の中で大きな意味と効果を持つのです。

初めの回は基本的な飛行技術を身につけ、段々エンジンが火を吹いた場合の対処や、急激に気圧が下がった場合の緊急降下など、トラブル対応の内容も増えてきます。離陸と着陸に関しては、自動操縦でなく、手動でどれだけ正確に飛行技術を身につけられるか、そこが一番大事な部分です。

一日続けて、二日休んで、というスケジュールですので一月は訓練でシミュレーターに缶詰めになります。

訓練の最後に審査があり、厳しく見られるので若手もベテランも関係なく、結果成績が駄目なときは不合格です。また12回の途中でも、プログレスが悪い場合は教官から訓練中止を言い渡されることもあります。

ちなみに、ANAもJALも全くの素人の大卒新入社員を、三年半かける訓練を通してボーイングのパイロットにします。

（もちろんパイロット候補生として適性試験に合格した若者たちです）。

最初はセスナのような小型機から始めて、少しずつ飛行機を大きくして、三年半の訓練の最後に、前述したシミュレーターでの旅客機訓練、そのあとの最終仕上げはボーイングの本物の実機を2週間、僕らの頃は沖縄県下地島空港でひたすら離着陸を訓練して、審査を受け、合格して飛行機のライセンスをもらいます。

その後はお客様が乗る定期便で二カ月の路線訓練、これに合格して初めて国と会社の認可する副操縦士になれます。

その後十年の経験を積んでから、機長昇格試験に臨みます

以上に書かれているように、パイロットになるための最初のシミュレーション時間は約25時間、そしてその後は実際の航空機を使って三年半もの期間をかけてようやくライセンスの取得になるそうだが、それればかりではない。

元来、私たちが通常取得するライセンスと言えば様々なものがあり、その免許の有効期間も多くは一旦取得したなら、最長のものでは一生、なにか問題があったり、問題を起こさない限りは死ぬまでその免許は有効となる。

私たちの持つ運転免許証は、有効期間がだいたい3~5年といったところ。

ところが、ところが……よく聞いてほしい、このパイロット免許というものの有効期間はたったの半年間に限られるそうだ。

ようやくパイロットになれたと思いきや、ホッとしてその汗をぬぐったのもつかの間、その半年後には、またもやシミュレーション……刻々と移り変わる航空機事情や旅客とのトラブル対処法、その他の変化や状況に対応したシミュレーション訓練が待ち受けているそうだ。

そしてそのシミュレーションのあと、またもや審査……それでようやくまた半年間の免許更新となる。

それに比べ、のんべんだらりとした自動車運転免許証更新時の安全講習、安全運転管理者講習における聴講だけの講義の虚しさ。

私は毎年一回受講するその講習会の受付で、四千なにがしの受講料と、その受講済スタンプを押すためのカードを差し出しながら、そこにいる職員さんについ呟いてしまう。

「この（講習）受講カードのスタンプ、何個か溜まったら近くのスーパーか商店街の商品券か何かに取り替えてもらえるとかしたら、みんな嬉しがると思うけどな」と。

コラム④

若い時の苦労は買ってでも

還暦過ぎまで齢を重ねると、格言やいわゆる常識の「正しさ」にはたと思い当たることが多くなる。複雑で機能主義的な世の中だから、かえって平凡な「正解」が新鮮にみえる。大事なのは、それがただの先祖帰りや、回顧的な思考のせいばかりではないということ。複雑で簡単に判断できない問題の中で、一つの発見として、格言や常識の新鮮な教訓が生まれてきているのだ。私はそう思います。古い新しいの問題ではないでしょう。私とあなたの年齢差は、重要ではないのです。断絶なんかもったいないから、先入観や排他的な意識は棄てて思いをつなげていきましょう。

「若い時の苦労は買ってでもしろ」という格言がある。

今から思うと、私の場合はまさしくそのものズバリの人生だったように思う。

先にも書いたが１９７６年に私は生まれて初めての輸入車を、それも当時の市販車としては一番たくさんの気筒が乗っかったフェラリー社の３６５ＧＴＣという車だった。

私が生まれて初めて輸入車を手に入れたときの話だ。フェラリー３６５ＧＴＣは、当時の市販車の中で、一番沢山の気筒が乗っかった車の中の一台だった。裕福ならざる、そして経験の貧しい若い女が、どうやってそんな車を入手することができたのか。話せばまた長くなるが、当時の私はすでに結婚を目前に控えていた頃だった、その年の秋には結婚式を挙げるための式場もすでに予約していた。

またその時代の風習として、公共交通手段の乏しい田舎では運転免許を持った女性は嫁ぐ時には車を一台嫁入り道具として持って行く、という慣わしができてきた時代でもあった。

それまで私が乗ってきた車と言えば、姉二人が運転免許を順番に取って以来、順番に乗り回し続けた車だ。

せめて「嫁入りグルマ」として持っていくなら他の家具などはいらないから、車だけはこれまでのとは違い、良い（高級な）のが欲しいと両親にねだった結果、当時ではクラウンやスーパーサルーンなどを買える、いやそれ以上の現金をもらうことに成功した。最後の最後に思い切り親のスネをかじった。

購入したのは一応「スーパーカー」と呼んでも良い車。いやはや、冷や汗ものである。

車代金は「嫁入りグルマ用資金」を全額拠出しても、なおその半額以上の金額が残債として残った。

以来その残債、つまりローンだがそれを毎月支払うために私は朝4時から12時までは卸売市場の仕事を、その後3時間程度の睡眠、そして夕方7時から夜中の12時までは大阪・ミナミにあるラウンジで働き、そのあと2時過ぎから4時まで睡眠という生活を2年間続けたが、それだけではなかった。

――「若い時の苦労」は、そのときを過ぎても延々と続いた。

「もしもし、今デイトナがありますよ、調子の良いデイトナですよ」

突然電話をかけてきたのは、このGTCを買った時の神奈川県にある車屋さんの営業マン。

ようやく2年間にわたるローン生活からやっと解放されると思いきや、さにはあらず、まったくもってこの優秀な、私の性格と好みを知り尽くした営業マン氏には困ったものである。

「GTCは下取りしますからね、あと1年ほどローンを続けてください」だって……。

時の移ろいは早く、また1年——。

「はーい、ミウラですよ、ランボルギーニですよ……しかもSVですよ」

こうなったらもうヤケとしか言いようがなく、こちらは蛇に睨まれたカエル状態。

ローン生活が終わりかけになると、それを見越したかのように、いや完全に見越してかかってくるK氏からの電話。

「若い時の苦労」は金銭的な苦労だけで留まらず、その車たちの特殊さゆえ様々な苦労がそれに伴う。

ある日、大阪府下にある臨海道路を北に向かって走行中のできごと。

車は先に書いたミウラSV、道路は空いているし、その日は車も調子が良い……が、なぜかハンドルが右に取られ……る。

赤信号で停止したすきにタイヤを見てみる。

「あぁ……パンクだ……」

今ならそんな時はJAFを呼ぶとすぐに駆けつけてくれるが、その時代はJAFにお願いしても受け付けてくれない。

「はい、ウチは輸入車の修理はできません」

「牽引だけなら、やらせてもらいます」

いつものように決まりきった答えだ。

まだ低床のレッカー車の無い頃である、しかもこちらはパンクなのでパンクしたままの車を引っ張ってほしくない。

仕方ないので私は車から降り、運転席のドアを開けたままでそのハンドルを右手に持ち、左手で屋根の左前方を持って車を恐るおそる動かし始める。

するとその様子をその交差点の斜め前から見ていたガソリンスタンドの従業員さんたちがふたり、たしかふたりだったと思うがあわてて駆けつけてきてくれ、車をどうにかそのスタンドへ。

お礼を言ってそこでパンクしたタイヤの取り替えだ。

トランクからタイヤの取り替えセットを出す、ジャッキ、それからタイヤのセンターロックを緩めるためにそのセンターロックのキャップに当てるためのレンチのような工具、そのレンチのような工具に着いたハンドルを叩くためのハンマー、このハンマーはその工具をいためないようにその素材は鉛でできている。

皆さん考えてもみてください。流麗な形をしたスーパーカーの横に、うら若き女性がひざまずき、左手にはその8角形の穴が空いた大きなレンチのようなものを貼り付けながら押さえ、その右手にはこれまた大きな鉛ハンマー。その鉛ハンマーを振り下ろしながらタイヤのねじをほどく……この作業を興味シンシンで眺めていたスタンドのお兄さんたち……さぞや面白かっただろうなぁ。

私はこの光景、いや体験を今もなお忘れることができない。きっと短いスカートをはいていた。または、ぴちぴちのジーンズだったかも。色気のある話ではない、と思う。若い娘がわれを忘れて夢中になる、そういう対象が私にとってのスーパーカーであった。

私のことを現在所有している車（ディーノ）を見て「セレブ女性」や「高級車に乗る女性」などと言う人がいるが、私にしてみればそのクラシックカーは、たまたま亡き夫が遺してくれたものであり、私はその車を買うために一円のお金さえも払っていない。夫が生前長年愛用し続けた車だから、私はただそれを残したにすぎない。

それさえも売ってお金に換えるならば大きなお金になるだろうが、私はせっかく夫が遺してくれた車だから売ってお金に替えようなどという考えは全く無い。

むしろ、その古い車を維持するために必要な時間やお金だけを考えると、プラスどころかマイナスの資産とも言えよう。

つまりは、持っている車を見て「金持ちだ」と判断するのでなく、むしろ「ケチケチな人」「モノ持ちの良い人」として見るのが正解だと自分では思う。

だから私は恥ずかしくても声を大にして言いたい。いったい私のどこがセレブやねん、大きな重たい鉛ハンマーでタイヤ交換したり、毎月約20万ものローン地獄を味わった青春時

代、そんな私のいったいどの部分がセレブですねん、照れずに言いたい。セレブより本物に近い富を、さずかって生きているのだと。

だがこれもすべて若い頃の苦労、若いからこそできた苦行だったと思えば、今は多少の苦労や困難に出会っても負けない。

若い頃の苦労は買ってでも……の意味がようやくわかりかけた今日この頃である。

積車で運搬することも

この車がローン生活の始まり

コラム⑤

自動運転車と共存するには

本文の中で、そしてそれとは別にコラムの中でも何度も書いているように、私はこの40数年という長い年月を、車を便利な乗り物として利用する以外に趣味のモノとしても車を利用する日々をすごしてきた。

その結果、60才をすでに過ぎた私の生活の中での楽しみの大部分を占めているものは、その車趣味を通して知り合った知人、友人たちとの交流である。

直接お会いした方、直接お会いしなくてもインターネットの車サイトで知り合った方たち、中には40数年前にあるカーミーティングでチラッと私を見かけただけなのに、その若い頃の私のことをずっと覚えていてくれ、その後20数年も経ったとき、私がやっていたインターネットオークションの中でのメールのやり取りの中で「もしかしてあなたは（昔の）千田さんですか」などと訊ねてくれ、それをきっかけにして旧交を復活させてもらっている人、若い頃はお互いに多忙だったのでそんなに交流できなかった人たちとも、この年齢ともなればさすがに「ヒマやねえ、なにか面白いことはない？」などと言いながら、ごくごくざっくばらんに交流させてもらえるようになった。

また若い頃はある複雑な事柄から「犬猿の仲」にならざるを得なかった女性とも、今は「あの頃はああだったね、こうだったね」などと言い合いながらの交遊も、これまた歳月のもたらした楽しみのひとつ、車趣味を続けられたおかげでもある。

そもそも忘れてならないのは、亡き夫のこと。29才もの年齢差を越えて結婚できたのも、二人ともが車趣

味を続けていたがゆえの結果だった。

すべてが車趣味を続けてきたがゆえに現在の私、そしてそれらの友人知人たちとの交流に支えられている現在の私がある。


それなのに、将来の車は今までの有人運転車じゃなく、無人！の自動運転車にとって代わられるようになるそうな……。

すでに道路交通法もそれが可能なように改訂させようとしているらしい。

私にはそんな車社会というものが理解できない、理解どころか、想像することすら不可能である。

だが直感ではあるが私が想像するに、この本の中で私が一生懸命述べてきた「事故やロードレイジを防ぐための運転」と「無人の自動運転」というものは全く相反するもののように思える。

なぜなら、これまで私がこの本の中で力説したように、法定速度またはそれ以下の速度をプログラミングされているだろう自動運転車が、その場所やその時々によって、自然な交通の流れに従えるのだろうか、むろん、無数のセンサーやモニターカメラが装備されているだろうから、もしかしたら、後方に車の行列ができてきているような場合は指示器を挙げて左端に寄って後方の車たちを先に行かせる、くらいの芸当はできるようになるのかしらん？

またもし狭い道端に立ち止まった人がいたとすれば、そんな場合の自動運転車はどうするのだろうか。

道路交通法に従い、その人から1メーター以上の間隔を空けて通過しようとする、しかしちょうど対向車線上からも車が来る。

そんなとき、私たち有人の車なら対向車との距離もとっさに考えたうえで、立っている人との距離をもしかしたら1メーター以内ぐらいの間隔にして徐行運転するか、または停車して対向車をやり過ごすかするが、自動運転車さんはそんなときいったいどうするのだろうか？

すぐに指示器を出し、急ブレーキをかけて停車するのだろうか。

そうしたら、その後方を走っていた車はどうなるのだろうか。とっさのことで追突しそうになり、ストレスの塊となるのだろうか。

だったら、やはり自動運転車さんと私たち有人車との共存はできないように思う。などと悲観的に見てばかりでも始まらない。自動運転者を、対向車や後続車としてだけ見るわけにもいかない。それを運転する方の立場も考えて「安全」と、ロードレイジ対策を講じなければいけない。

そういう場合の注意点も、今回の私の提案は、生きているのではないだろうか。

で、もう一度私は考えた。

ひたすら考える葦（？）となって出した結論はこうだ。

それは、自動運転車専用レーン、または自動運転車専用道路を造ることである。

そうすれば自動運転車さんも私たち有人車も平和に共存できると思いますが、皆さんはどう思われますか。日本の道路事情が許さないでしょうか。

上：クラブ有志とのバーベキュー
下：細谷四方洋氏と桑原彰氏を囲んでの集い

「歩きスマホ」ならぬ「走りスマホ」、していませんか

「私はただ前を向いて運転しているだけなのに、後方からあおられて、とても怖い思いをした」という人がいる。

そして、そういう人に限って、その言葉を話す前に「私は運転が得意じゃないので制限速度をきっちり守っていますし、時間に余裕のある時はそれ以下の速度で走るようにしています、だから後ろから覆面パトカーに追いかけられることも絶対ないので、バックミラーなどは見る必要がないのです」と大威張りで答える。

そうじゃないのですよ、あなたはそうすることであなた自身の安全は保つことができるでしょうが、これまで何度も繰り返しているように、道路はあなただけのものではないのですよ、あなたの後方に追いついてきた運転者にも様々な事情や理由があるかもしれないのですよ、もしかしたら大事な恋人を待たせているかもしれない、急を

要する荷物などを運ぼうとしている、また救急車を呼ぶほどではないがケガ人を病院に送ろうとしている途中なのかもしれない、出産間近な奥さんを乗せて産院に送ろうとしている夫さんもいるかもしれないのですよ。

それなのにもしもあなたが「より安全だから」という理由で、例えば50キロ制限の道路を40キロぐらいの速度で走り続けていたとしたとするならば、どうでしょう。

また「一身上の都合により」、これ以上点数を取られたくないので、できるだけゆっくり走ろうとする場合もあるでしょう。

そんなあなたたちの走りぶりを見た後続の運転者たちは「せめて法定速度ぐらいの速度で走ってもらえないだろうか」と祈るような気持ちであなたたちのその車の後ろを眺めながら走り続けるより仕方ないのです。

そしてこれもまた何度も書きましたが、高速道路の追い越し車線上をボーッとして走り続ける運転者、これは道路交通法でいう「通行区分違反」に該当するばかりでなく、後方から通常の追い越し行為をしようとする運転者にとっては、はなはだ迷惑なばかりなだけでなく、もしかしたらその運転者の精神にとてつもなく大きなストレスを与えるかもしれない危険な行為なのですよ。

被害者ぶって「とても怖い思いをした」などと嘆くよりも先に、自分の運転のどこが悪かったのか、どうして「あおられた」のかをよく理解してその原因を究明、そしてそれを反省しない限り、あなたに対する他の運転者からの「あおり行為」は止むことはないでしょう。

わかりやすく言えば「あおり行為」を行う運転者は、突然空から降ってくるのではないのです、その運転者の運転する車があなたのバックミラーに大きく映り、あなたがそれにようやく気付くようになるまでの時間、おそらく何十秒も、場合によっては何分もの間、その追いついた後続車はストレスを抱えたままであなたの走る速度に従って走っていたのですよ。

これは決して「あおり行為」を肯定しているという意味ではありません、あおり運転は絶対に許せない行為です。

しかし、あなたがそのあおり運転の元になる一因を作っているかもしれないということも、あなたご自身がよく理解し、それに素早く対処しないことには、本当にそのトラブルを回避するということはできないのです。

なかでも特に「あおられ被害常習者」のあなた、そんなあなたの運転状態をわかりやすく例えるとしたならば、それはつまり「歩きスマホ」ならぬ「走りスマホ」状態だったと言えます。

そんなあなたの運転の仕方を、これまで頑なに「一枚の免許は六台の車に通ず」を信じ運転し続けた私などに言わせると、バックミラーをあまり見ようとせず、周囲の車たちの様子に無頓着、ひたすらわが道を進むだけのあなたの運転は、まるで「スマホに熱中しながら行動している人状態」としか思えないのです。

なぜなら、あなたはただ一心に自身の運転する車の前、フロントガラスを通して見える景色ばかりに気を取られ、その周囲を行き交う車や、特に後ろから近づいてくる車にも全く注意を払うことなく、ただひたすら自分だけのペースを守りながら走り続ける、それは「自己中」になりがちなスマホ使用者と同じで、スマホ画面だけを注視し周囲の人たちの迷惑など考えずに歩き続ける人と全く同じ、「スマホ画面」がただ「フロントガラス画面」にとって代わっただけの「走りスマホ状態」の運転者でしかないのです。

私たちは公共の道路上にある時、自車がその道路を使って移動するという目的だけを達成することができればいいのではありません、その道路上において自車がどんな位置にあるのか、その周りを走行する車たちにとってもどんな立場、またどんな役割を自車が果たしているのかを瞬時に判断し、それに最も適した運転をしなくてはなりません。

ひとりだけで走行しているのではないのですよ、自車の周りの状況を瞬時に見てとり、まるで上空からドローンに乗って自車の周辺を見渡しているようなつもりで運転をしなければなりません。

それがこの本の冒頭にある「一枚の免許は六台の車に通ず」ということの意味なのです。

更に言葉を重ねましょう、私たちは一旦運転免許証を手にした瞬間から、自身の運転する一台目の車の安全を守るだけでなく、同じ道路上に存在する他の五台の車たち、モノなどの安全をも守るように心がけなくてはいけないという義務があるのです。他の人たちや他車の安全を阻害する権利は、私たちにはないのです。

だからどうか、あなたの「歩きスマホ」ならぬ車を走らせながらの「走りスマホ状態」は絶対におやめ下さい、そうすれば今後あなたが「常習あおり被害者」などという不名誉な汚名をきせられることもなく、それよりもまず「あおられる事の恐怖や苦しみ」から一気に解放されること、間違いなしです。

今いちど重ねて言いましょう、あなたが走りスマホ状態でいる限り、あなたに対する「あおり行為は」決してやむことはないでしょう。

走行車線を走ることまたはキープレフトの重要性

ここで、私がこの本の中で「高速道で追い越し車線をその必要がないのに走行し続けるのはとても危険です」と何度もくどいほど繰り返す、その理由を明かしましょう。それは高速走行できる人たちが「そこのけ、そこのけお馬が通る」と言いながらブイブイ、ガガーァと爆音を立てながら無茶な走り方をするためにその車線を空けておけ、という意味では決してありません。

その理由はとても簡単なことで、左側にある走行車線をルール通りに走っていたなら、すぐその前に道路の異常や障害などがあるのを発見したなら、ハンドルのすぐ横についている右サイドミラーに即座に目をやり、そのミラーの中に映った右側後方の安全確認を瞬時にすることができるからです。

そして追い越し車線が空いているのを目にするやいなや、瞬時にハンドルを切りなから安全な右側車線に飛び移ることが可能になるからです。

それに対して右側にハンドルのついた車で追い越し車線上を走り続けていたとしましょう、もしその目の前の道路上に何か異常などを発見したとしても、左側の安全確認をするためにボディ左横に取付けられたサイドミラーを覗こうとしても、否応なく1〜2秒の遅れが生じてしまいます。

高速で1〜2秒の遅れと言えば、つまり何十メーターもの距離を手ぐすね引きながら、追い越し車線上にある危険な異常個所に向かって突き進んでいくことになるのです。

最近は安全講習などに行くと必ず教えてくれるのは、「夜間は車のハイビームを多用するようにして、100メーター先にある障害物を確認できるようにしてください」と。

だが前方の走行車線上に車が走行していたり、フェンスのような簡単な仕切りしかない中央分離帯の場合、その対向車線上から車が走ってこようとしていたりすると、ハイビームを使える場所は限られてくる。

そんな中で、左側にとりつけられたサイドミラーでの安全確認はしづらい、道路にある異常はますます接近してくる……。

ね、これで私が「高速道路では必ず、左側にある走行車線を走行してくださいよ」とうるさく言う理由がお分かりになられましたでしょうか？「キープレフト」というのは安全走行のためにもとても合理的なことなのです。

あとがき

私が運転免許証を取得したのが一九七一年。

私よりも三歳年長の姉は一九六八年。その上の長姉に至っては、一九六五年にはすでに車の免許を取得している。

私の生まれた生家は、戦後すぐから運送業を営んでいたので、五人いる兄弟姉妹ともにその年齢に達したなら、すぐに運転免許を取らせてもらうことができた。

その長姉が運転免許を取ってすぐに両親に乗用車を買ってもらって、その車を乗り回していた頃は、まだまだ女性ドライバーの珍しい時期で、向かい合う乗用車を運転しているのが女性であると知った男性ドライバーなどは、わざとセンターラインを大きくはみ出してこちらの車に当てる真似などをして、女性ドライバーをからかっていたような時代だった。

その頃からもう50年、すでに半世紀もの長き歳月を経たにも関わらず、車の世界におけるこの国の女性ドライバーの地位の低さはその頃と全く変わっていない。男女雇用均等法もやっと法制化され、すでに女性の社会進出のみならず各界における女性の活躍ぶりも、ようやく少しずつではあるが、その頭角を現しかけているような時代であるにも関わらず、である。

車の世界は、相変わらずその頃と同じである。

なぜか、女が運転すると言えば世の殿方たちは大丈夫かな、と決まったように首をかしげる。

私事ながら、私が生業としている運転代行業においても、私がお客さんの車の運転席に乗り込もうとするならば、初めてわが代行を利用したお客さんたちは驚き、そして心なしか若干の緊張感と恐怖感を感じるように見える。

彼らの頭の中には、運転代行業を（経営・運営）しているのは男性に決まっている、という観念しかありえないのだろう。

中でも最近私が出会った警官は特にひどかった。

私ともうひとりの女性、いつものようにふたりの女性だけで（運転）代行の随伴車に乗って、依頼を受けたそのお客さんの元へ向おうとしていたときのことだ。

それを見て呼び止めた警官は、私たちがいくら運転代行の業務途中なのです、と言っても聞き入れてくれない。

その挙句、彼は私たちに向かって恫喝するように言う。

「それなら、いったい誰が客車（お客様の車）を運転するんや」と……。

今更この警察官の石頭ぶりを嘆いても仕方がないのだが、この国の交通の安全を守るべくその立場にいるはずの人たちのこの精神状況はいったいどうなっているのだろうか。

たしかに、この国の確固とした道路交通法に従い、それを守り、それに従って人々の安全を守ろうとする姿勢はとても立派なことである。

しかし、しかしだ、その立派な姿勢を持つ警察署において、少なくとも私が運転免許を取得した時代の法規と、この国でこの50年間に起こった様々な変化や変動に対してのそれらに対応すべき法規の改善や見直しなどが行われてきたことがあっただろうか？

いや、実はひとつだけ、たったひとつ、大きな道路交通法の変更があったのだ。それは50年前と同じく「スピードは控えめに」「車は走る凶器です」などと言い、そのくせそれとは全く逆に、ついに一九九一年にはオートマチック限定免許創設などという思い切った法改革を成し遂げている。これがこの50年間の間に唯一大きな変革を成した法改革である。

そのため、現在の四輪運転免許取得者の過半数以上の者がそのオートマチック限定免許を取得するという状態にまでなっている。

しかしながら、いったいその限定免許証は何のためにあるのだろうか？

ずばり、その免許証はマニュアル車の難しい運転や操作ができない、もしくはその必要のない人のための、安易で（若干）安価な運転免許証である。

その教習時間もいくらか（3レッスン）少なく、それまで運転免許が取ることが困難だった人までもがお手軽に「走る凶器」を購入、そしてその凶器に乗れるようにするためにと、あのお堅い警察署（公安委員会）が創設した免許である。

今、私たちはそんな不思議な光景の入り混じった中で運転している事を常に忘れることなく、いつ何時遭遇してしまうかもしれない様々な天災、そしてまた「ロードレイジ」なる無法者に遭遇したとしても、その場やその場面からすみやかに逃げることができるような運転技術を培い、そして自身の安全を守れるようにしなくてはいけないと思う。

著者紹介
秋田 良子（あきた よしこ）
1978年、鈴鹿サーキットにおいて「第1回スーパーカーレース」に紅一点で出場。

「あおり運転」事故は回避できる！
〜ロードレイジの被害者・加害者にならない秘訣

2018年1月10日　初版発行

著　者　秋田良子
発行者　松村信人
発行所　株式会社　澪　標　みおつくし
〒540-0037
大阪市中央区内平野町2-3-11-203
TEL. 06-6944-0869
FAX. 06-6944-0600
振替 00970-3-72506
印刷所　亜細亜印刷株式会社

ISBN978-4-86078-384-6 C0036